BEI GRIN MACHT SICH IHR WISSEN BEZAHLT

- Wir veröffentlichen Ihre Hausarbeit,
  Bachelor- und Masterarbeit

- Ihr eigenes eBook und Buch -
  weltweit in allen wichtigen Shops

- Verdienen Sie an jedem Verkauf

Jetzt bei www.GRIN.com hochladen
und kostenlos publizieren

Sven-David Müller

Entwicklung eines Fragebogens für Übergewichtige und Adipöse zur Feststellung von Problemen bei der Erhebung des Ernährungsverhaltens (Ernährungsanamnese)

Ernährungsberatung und Ernährungsanamnese bei Übergewicht und Adipositas

GRIN Verlag

Bibliografische Information der Deutschen Nationalbibliothek:

Die Deutsche Bibliothek verzeichnet diese Publikation in der Deutschen National-
bibliografie; detaillierte bibliografische Daten sind im Internet über http://dnb.d-
nb.de/ abrufbar.

Impressum:

Copyright © 2008 GRIN Verlag GmbH
Druck und Bindung: Books on Demand GmbH, Norderstedt Germany
ISBN: 978-3-640-83844-8

Dieses Buch bei GRIN:

http://www.grin.com/de/e-book/167366/entwicklung-eines-fragebogens-fuer-
uebergewichtige-und-adipoese-zur-feststellung

Projektarbeit

Titel

Entwicklung eines Fragebogens für Übergewichtige und Adipöse zur Feststellung von Problemen bei der Erhebung des Ernährungsverhaltens (Ernährungsanamnese)

eingereicht von

Sven-David Müller aus Berlin

Universitätslehrgang Applied Nutritional Medicine an der Donau-Universität Krems

Anzahl der Wörter: 5.481

Abgabetermin: 25. April 2009

Erklärung

Ich versichere,

dass ich die vorliegende Projektarbeit selbstständig verfasst, andere als die angegebenen Quellen und Hilfsmittel nicht benutzt und mich auch sonst keiner unerlaubten Hilfe bedient habe,

dass ich die vorliegende Projektarbeit bisher weder im In- noch im Ausland einer/m Beurteiler/in zur Begutachtung in irgendeiner Form als Prüfungsarbeit vorgelegt habe

und dass die Projektarbeit mit der von dem/der Gutachter/in beurteilten Projektarbeit übereinstimmt.

<hr>

Inhaltsverzeichnis

1. Einleitung   3

2. Problem Übergewicht und Adipositas   6

2.1 Bewertung des Körpergewichts   6

2.2 Häufigkeit von Übergewicht und Adipositas in Deutschland   7

2.3 Ursachen von Übergewicht und Adipositas   8

3. Fehl- und Überernährung als Mitauslöser von Übergewicht und Adipositas   8

4. Therapiestrategien bei Übergewicht und Adipositas   9

4.1 Ernährungstherapie bei Übergewicht und Adipositas   10

5. Verhaltenstherapie bei Übergewicht und Adipositas   10

5.1 Methoden zur Erfassung des Ernährungsverhaltens   11

5.1.1 Vor- und Nachteile der retrospektiven Ernährungsanamnese   12

5.1.2 Die prospektive Ernährungsanamnese als Verlaufskontrolle   13

6. Die Ernährungsanamnese und die Verlaufskontrolle als Voraussetzung des
Beratungserfolges   14

6.1 Problem Ernährungsanamnese   14

7. Theoretische Überlegungen zur qualitativen Sozialforschung   15

7.1 Die quantitative und die qualitative Sozialforschung   15

8. Methodenauswahl   16

8.1 Die qualitative Sozialforschung erschließt das Ernährungsverhalten   17

9. Das qualifizierte Interview als Methode der Datenerhebung   19

9.1 Das problemzentrierte Interview   19

10. Darstellung der Probleme der Ernährungsanamnese in der Standardliteratur   21

11. Reflexion   22

12. Literatur   24

1. Einleitung

Aktuellen empirischen Studien zufolge sind mehr als die Hälfte der Bevölkerung in der Bundesrepublik Deutschland übergewichtig oder adipös. Eine übermäßige Fettmasse-Ansammlung im menschlichen Organismus hat unzweifelhaft negative Einflüsse auf die Gesundheit und ist mitverantwortlich für die Auslösung und das Voranschreiten von Krankheiten. Zu den übergewichtsmitbedingten Erkrankungen gehören insbesondere Stoffwechselerkrankungen wie Diabetes mellitus Typ 2, Fettstoffwechselstörungen und Hyperurikämie. Außerdem haben Übergewicht und Adipositas negative Einflüsse auf die Herz-Kreislauf-Gesundheit. Übergewicht ist auch mitverantwortlich für Gelenkerkrankungen und nimmt Einfluss auf die psychosoziale Gesundheit.

Übergewicht und Adipositas haben multifaktorielle Ursachen. Dazu gehören insbesondere Bewegungsmangel, genetische und soziale Bedingungen, Stoffwechselstörungen und natürlich die Ernährungsweise. Übergewicht liegt ein Missverhältnis von Energiezufuhr und Energieverbrauch zugrunde. Das Ergebnis einer interdisziplinär eingebetteten Ernährungsberatung ist zu Beginn die Erreichung einer negativen Energiebilanz und schließlich einer energetischen Balance. In der zielgerichteten Ernährungsberatung ist es notwendig, das Ernährungsverhalten zu modifizieren, um nachhaltig und klientenbezogen Veränderungen des Essverhaltens herbeiführen zu können.

In der klientenzentrierten Ernährungsberatung ist es erforderlich, die bisherigen Ernährungsgewohnheiten und die Lebensmittelauswahl sowie die Zubereitungsform und ‚Ess-Settings' zu analysieren. Nur nach einer stattgehabten Analyse der Ernährung und des Ernährungsumfeldes ist es dem Berater überhaupt möglich, zielgerichtete Maßnahmen für den Übergewichtigen oder Adipösen zu erarbeiten und schließlich in eine neue Ernährungsweise münden zu lassen. Der Modifikation geht also grundsätzlich eine exakte Anamnese voraus. Und das ist problematisch. Die Ernährungsanamnese führt nur unzureichend zu Ergebnissen, die wahrhaftig sind. Übergewichtige neigen zum Underreporting, während Untergewichtige zum Overreporting neigen. Das heißt, Übergewichtige unterschätzen oftmals die Dimension ihrer Mahlzeiten und der aufgenommenen Lebensmittel. Zudem nehmen sie insbesondere Snacks und Zwischenmahlzeiten nicht ausreichend wahr. Ernährungsprotokolle von

Übergewichtigen sind in vielen Fällen schlichtweg kein valider Beleg für das tatsächliche Ernährungsverhalten. Problematisch ist außerdem, dass Übergewichtige im Beratungsgespräch durch ein klares Ablehnungsverhalten und Verweigerung auffallen. Sie stellen den Aussagen des Beraters klare Hinweise voraus, indem sie beispielsweise ihr angeblich optimales Ernährungsverhalten darstellen und deutlich machen, dass sie bereits alles wissen.

Da eine optimale Ernährungsberatung bei Übergewichtigen nur effektiv sein kann, wenn sie das bisherige Ernährungsverhalten einschließt und auf zielgerichteten Modifikationen des selbigen beruht, ist der Anamnese und der Verlaufskontrolle größte Wichtigkeit beizumessen. Grundlage jeder Therapie ist die Anamnese. Hier gilt es, Stärken und Schwächen abzubilden und durch Verstärkung und Motivation zu einem klientenzentrierten Ergebnis zu führen.

Die bisherigen Formen der Ernährungsanamnese scheinen nicht geeignet, valide Aussagen zu treffen und eine Veränderung der Energiebilanz hervorzurufen. In der auf diese Projektarbeit folgenden Masterarbeit ist es mein Ziel, zu analysieren, warum Übergewichtige falsche Aussagen (Over-/Underreporting) gegenüber der Beratungskraft machen. Mit welchem Ziel gehen Übergewichtige zur Ernährungsberatung, um dort kontraproduktiv zu handeln? Auf welcher Basis beruht ihr Verhalten? Belügen Übergewichtige als offensive Täter ihren Berater und handeln damit bewusst oder bleiben sie unbewußt in der Opferrolle? In dieser Projektarbeit widme ich mich eingangs der Übergewichtsproblematik im medizinischen und epidemiologischen Sinne und anschließend der Entstehung von Übergewicht. Im Mittelpunkt meiner Projektarbeit stehen das Ernährungsverhalten und die Möglichkeiten der Erfassung von Problemstellungen. Die Erhebung von Datenmaterial ist qualitativ und quantitativ möglich. Ich werde darstellen, warum ich mich für welche Methode der Datenerhebung entscheide und wie ich die Befragung konkret durchführe.

Ziel der Masterarbeit ist die Entwicklung eines Fragebogens und eines Interview-Leitfadens zur Ermittlung der Hintergründe der bei vielen Übergewichtigen und Adipösen immer wieder scheiternden Ernährungsumstellung und der Problematik der Erhebung des Ernährungsverhaltens mit Ernährungstagebüchern und ähnlichen Protokoll- beziehungsweise Anamnesemethoden. Die Projekt-Voraussetzungen sind die statistischen, verhaltenspädagogischen und diätetischen Grundlagen der Erhebung von Daten und deren Auswertung mittels Fragebogentechniken. Anhand wissenschaftlicher Fachliteratur findet die Erarbeitung und Begründung eines Fragebogens zur Ermittlung des Ernährungsverhaltens sowie der Resistenz gegenüber gesundheitsförderlichen Verhaltensmodifikationen statt. In der sich an die Projektarbeit anschließenden Masterarbeit soll der Fragebogen als Forschungsmethode an einer Gruppe von übergewichtigen Probanden (BMI 25 bis 30) getestet werden Zielsetzung der Erhebungsmethode ist die Ermittlung der Ernährungsprobleme, der Körperwahrnehmung, der Einschätzung des Ernährungsverhaltens und der Auswirkung von Diäten sowie die Schwierigkeiten und Probleme der Diätumsetzung im pragmatischen, sozialen und psychischen Bereich.

Zur Verifizierung, dass Ernährungstagebücher und andere Methoden zur Protokollierung des Ess- und Trinkverhaltens wenig den Tatsachen entsprechen, habe ich auf meine eigenen Erfahrungen in der Diät- und Ernährungsberatung zurückgegriffen und habe diese Problematik mit Kollegen (Diätassistentinnen) besprochen (10).

2. Problem Übergewicht und Adipositas

Die Prävalenz von Übergewicht und Adipositas hat in den letzten Jahrzehnten global zugenommen. Die Bundesrepublik Deutschland (BRD) bildet bei dieser Entwicklung keine Ausnahme. Überspitzt sprechen sogar Experten von einer globalen Adipositas-Epidemie, die die BRD wie andere westliche Industrieländer besonders bedroht. Die Entwicklung stellt ein gravierendes Gesundheitsproblem dar, da Übergewicht (BMI > 25,0) und Adipositas (BMI > 30,0) die Entwicklung einer großen Anzahl von chronischen Erkrankungen in besonderem Maße begünstigen können. Übergewicht ist als gesundheitlicher Risikofaktor allgemein anerkannt. Dabei spielen insbesondere die Ausprägung der Fettdepots und deren Manifestationsort eine entscheidende Rolle.

2.1 Bewertung des Körpergewichts

Die Einschätzung des Körpergewichts von Bevölkerungsgruppen findet anhand des Body Mass Index (BMI) statt. Dieser ist eine Orientierungsgröße für die Körperfülle. Die Zunahme des Körpergewichts durch Erhöhung der Körperfettmasse kennzeichnet das Übergewicht. Der Body Mass Index (BMI) hat sich zur Einteilung des Körpergewichts international etabliert. Durch seine Berechnungsgrundlage bedingt macht der BMI aber keine Aussage über die Körperfettmasse und die Körperzusammensetzung. Da jedoch ein erhöhter BMI in der Regel nicht auf erhöhte Muskel- oder Wassermasse zurückzuführen ist, scheint der BMI, zumindest solange keine anderen allgemein verfüg- und finanzierbaren Methoden vorliegen, zur statistischen Einschätzung und Einteilung des Körpergewichts von Bevölkerungsgruppen durchaus geeignet. Den Einzelpatienten anhand des Body Mass Index einzuschätzen, ist hingegen nur sinnvoll, sofern Ödeme und eine übermäßige Muskelmasse nicht auf ein erhöhtes Körpergewicht zurückzuführen sind. Zudem ist es wichtig zu beachten, dass bei Kindern und Jugendlichen sowie extrem kleinen oder großen Menschen die üblichen BMI-Einschätzungen nicht sinnvoll sind. Zur Bewertung des Körpergewichts und der gesundheitlichen Probleme von Einzelpersonen erscheint der BMI wenig zielführend. Der Body Mass Index ist das Ergebnis aus dem Verhältnis von Körpergewicht und Körperoberfläche – dargestellt als Körpergröße zum Quadrat. Der BMI ist für beide Geschlechter und mit Modifikation für alle Altersgruppen anwendbar. Bei Kindern und Jugendlichen erfolgt die Bewertung anhand alters- und geschlechtsspezifischen BMI-

Referenzkurven. Ein BMI oberhalb der neunzigsten Perzentile wird als Übergewicht und oberhalb der siebenundneunzigsten Perzentile als Adipositas definiert (x2).

Tabelle 1: Klassifikation des Körpergewichts durch den BMI (mod. nach 11)

Unter 18,5	Untergewicht
18,5 bis 24,9	Normalgewicht
über 25,0	Übergewicht
25,0 bis 29,9	Präadipositas
30,0 bis 34,9	Adipositas Grad I
35,0 bis 39,9	Adipositas Grad II
Über 40,0	Adipositas Grad III

2.2 Häufigkeit von Übergewicht und Adipositas in Deutschland

Übergewicht gehört zu den zentralen globalen Gesundheitsproblemen. Auch in Deutschland betrifft es beide Geschlechter, alle sozialen Schichten – wenn auch mit unterschiedlicher Ausprägung – und jede Altersgruppe. Die Entwicklung der Häufigkeit von Übergewicht und Adipositas lässt sich nicht valide vorhersagen Da aber bereits 15 Prozent der Kinder und Jugendlichen laut Ernährungsbericht 2008 präadipös oder adipös sind, ist die Vorhersage, dass die Häufigkeit des Vorliegens eines erhöhten Körpergewichts bei Erwachsenen in Deutschland zukünftig ansteigt, verhältnismäßig leicht zu mutmaßen. Die Datengrundlage bezüglich der Entwicklung und dem Ausmaß von Übergewicht und Adipositas in der Bundesrepublik Deutschland ist unzureichend, da die grundsätzliche Erhebung von Körpergröße und Körpergewicht nicht erfolgt. Als verlässlich werden jedoch die Daten des vom Robert Koch-Institut seit 1984 in mehrjährigen Abständen bundesweit durchgeführten Gesundheitssurveys (1) angesehen. Die Ergebnisse des Bundes-Gesundheitssurveys aus dem Jahre 1998 zeigen, dass etwa die Hälfte der Männer und ein Drittel der Frauen im Alter von 18 bis 79 Jahren übergewichtig sind. Erschreckend ist, dass 10 Prozent der Männer und sogar 22 Prozent der Frauen adipös sind. Insgesamt sind nach dem Bundes-Gesundheitssurvey 52 Prozent der westdeutschen Frauen und 67 Prozent der westdeutschen Männer mit einem Body Mass Index von mehr als 25 übergewichtig oder sogar adipös. Lediglich ein Drittel der erwachsenen Männer in der Bundesrepublik Deutschland sind vor dem Hintergrund dieser Daten noch als normalgewichtig einzustufen (2). Außerdem nimmt die Zahl der

Übergewichtigen und Adipösen in der BRD zu. Der Bundes-Gesundheitssurvey weist aus, dass die Verbreitung von Adipositas in den vergangenen zehn Jahren bei ostdeutschen Männern um 5,9 Prozent und bei westdeutschen Männern sogar um 11,5 Prozent zugenommen hat. Bei den westdeutschen Frauen ist sie um rund 6,4 Prozent angestiegen. Bei ostdeutschen Frauen ist die Adipositas-Verbreitung um 6,3% zurückgegangen. Die Bevölkerungsverhältnisse zwischen Ost und West bedingen insgesamt eine deutliche Zunahme von übergewichtigen Menschen, die schließlich alarmierend ist.

2.3 Ursachen von Übergewicht und Adipositas

Übergewicht und Adipositas entstehen bei einem Ungleichgewicht in der Energiebilanz. Übergewicht und Adipositas können nur entstehen, wenn mehr Energie zugeführt als verbraucht wird. Zu den wichtigsten Ursachen für Übergewicht und Adipositas werden in der Fachliteratur insbesondere Fehl- und Überernährung, Bewegungsmangel sowie eine genetische Prädisposition angeführt. Die evidenzbasierte Leitlinie „Prävention und Therapie der Adipositas" führt unter den Ursachen für Übergewicht und Adipositas den modernen Lebensstil (Bewegungsmangel, Fehlernährung mit beispielsweise häufigem Snacking, übertriebener Konsum von energiedichten Lebensmitteln) an (5).

3. Fehl- und Überernährung als Mitauslöser von Übergewicht und Adipositas

Professor Dr. Helmut Heseker erläutert im Ernährungsbericht 2008, dass die adipositasförderlichen Lebensumstände in Deutschland die Verbreitung und Rasanz der Zunahme von Übergewicht bedingen. Als adipogen bezeichnet er den Lebensmittelüberfluss und die Bewegungsarmut. Unter diesen Bedingungen entwickelt sich nahezu zwangsläufig Übergewicht in mehr oder minder ausgeprägter Form. Nur durch ein bewusstes Ernährungsverhalten und regelmäßige körperliche Aktivität lässt sich dieser Entwicklung gegensteuern. Die genetische Ausstattung des Menschen ist darauf programmiert, Fettdepots in Zeiten des Energieüberschusses anzulegen, um Hungerperioden oder Phasen hoher körperlicher Aktivität oder hohem Energieverbrauch kompensieren zu können.

Lebensmittel sind heute jederzeit zu einem günstigen Preis verfügbar. Insbesondere die Preisgestaltung von kalorienreichen Lebensmitteln verführt zu einem Kauf. Der Konsum verarbeiteter Lebensmittel mit einem niedrigen Gehalt an essenziellen Inhaltsstoffen, aber einem hohen Energiegehalt ist leicht und kostengünstig. Diese Produkte weisen oft eine hohe glykämische Last auf. Außerhaus-Verpflegung, Fast Food und der Konsum von Fertigprodukten hat in den vergangenen Jahrzehnten extrem zugenommen. Zusätzlich nehmen die Schmackhaftigkeit von Produkten und die Portionsgrößen zu. Die Kombination aus diesen Faktoren führt leicht zu einer kalorischen Überernährung, die bei Bewegungsmangel die Entstehung von Übergewicht fördert. Der Konsum von zuckereichen Softdrinks, Säften und alkoholischen Getränken hat ein übergewichts- und adipositasförderliches Ausmaß angenommen.

4. Therapiestrategie bei Übergewicht und Adipositas

Adipositas wird international als chronische Erkrankung mit eingeschränkter Lebensqualität und Lebenserwartung sowie mit hohem Morbiditäts- und Mortalitätsrisiko beschrieben, die eine langfristige Betreuung erfordert. In vielen Ländern, so auch in Deutschland, existieren evidenzbasierte Behandlungsrichtlinien. Die Deutsche Adipositas-Gesellschaft, die Deutsche Diabetes-Gesellschaft, die Deutsche Gesellschaft für Ernährung und die Deutsche Gesellschaft für Ernährungsmedizin haben 2007 die evidenzbasierte Leitlinie „Prävention und Therapie der Adipositas" herausgebracht. Als Indikationen der Therapie von Übergewicht und Adipositas führt diese Leitlinie

- einen BMI ≥ 30 oder
- Übergewicht mit einem BMI zwischen 25 und 29,9 und gleichzeitiges Vorliegen
- übergewichtsbedingter Gesundheitsstörungen (beispielsweise Hypertonie, Typ 2 Diabetes mellitus) oder
- eines abdominalen Fettverteilungsmusters oder
- von Erkrankungen, die durch Übergewicht verschlimmert werden, oder
- eines hohen psychosozialen Leidensdrucks

an. (5). Das Therapieziel bei Übergewicht und Adipositas ist die langfristige mäßige Gewichtssenkung und Gewichtsstabilsierung. Leider haben übergewichtige und adipöse Menschen eine hohe Rezidivneigung. Zur Erreichung des Therapieziels ist insbesondere eine Reduktion der Energiezufuhr und Steigerung des Energieverbrauchs durch Erhöhung der körperlichen Aktivität erforderlich. Die Leitlinie der DAG (et al.) sieht therapeutisch ein Basisprogramm vor. Dieses ist Grundlage jedes Gewichtsmanagements und schließt die Komponenten Ernährungs-, Bewegungs- und Verhaltenstherapie ein. Da sich diese

Projektarbeit den Hintergründen der Effektivitätssteigerung der Ernährungstherapie widmet, wird diese nachfolgend genauer beschrieben.

4.1 Ernährungstherapie bei Übergewicht und Adipositas

Die Ernährungstherapie hat das Ziel, die Energiezufuhr im Vergleich zum Ist-Zustand des übergewichtigen oder adipösen Klienten einzuschränken, um eine Gewichtsreduktion zu erreichen. Das Ziel der Diät- und Ernährungsberatung liegt in der Modifikation des Ess- und Trinkverhaltens (11). In jedem Falle muss die Ernährungstherapie im Sinne einer Familientherapie gestaltet werden und eine umfassende Information des Klienten beinhalten, um eine Ernährungsumstellung zu gewährleisten und die Compliance zu verbessern. Empfehlenswert ist eine Reduktion der Energiezufuhr um mindestens 500 kcal pro Tag, um eine Gewichtsreduktion von mindestens 500 Gramm wöchentlich zu erreichen. In der Diät- und Ernährungsberatung gibt es nach Weisbach vier Beratungsfunktionen: Auskunft erteilen, Rat erteilen, zur Reflexikon anregen und zur Aktion anregen. In jedem Falle steht der Klient im Mittelpunkt des Beratungsgeschehens und die Beratung selbst orientiert sich an den Wünschen des Klienten. Die Beratung läuft dialogorientiert ab und gibt dem Klienten die Möglichkeit, Maßnahmen der Therapie auszuwählen, die er umsetzen kann. Die Beratung erfolgt nicht rein faktenorientiert, sondern vielmehr emotional und zeigt dem Klienten Vorteile auf. Sie motiviert und fordert nicht zu viel vom Klienten.

5. Verhaltenstherapie bei Übergewicht und Adipositas

Die ernährungstherapeutischen Ansätze werden durch eine Verhaltenstherapie unterstützt. Um einen langfristigen Erfolg zu erzielen, sind aus pädagogischem Verständnis heraus lernfreundliche Settings und verhaltenstherapeutische Maßnahmen Grundlage einer langfristigen Gewichtsreduktion und darauf folgender Gewichtsstabilisierung (6). Die Selbstbeobachtung des Ess- und Trinkverhaltens ist eine Grundlage der Effektivitätssteigerung der Ernährungstherapie. Zudem sind Ernährungstagebücher für die Verlaufskontrolle im Rahmen einer Gewichtsreduktion effizient. Zu Beginn einer Ernährungstherapie ist es erforderlich, das Ess- und Trinkverhalten zu analysieren und im Dialog mit dem Klienten Möglichkeiten zu finden, die zur Einschränkung der Energiezufuhr führen können. Nach Wirth ist die Verhaltenstherapie eine etablierte und effektive Methode der Gewichtsreduktion.

5.1 Methoden zur Erfassung des Ernährungsverhaltens

Eine umfassende Anamnese führt zu optimalen Therapieergebnissen – diese Aussage ist das
Credo aller medizinischen Therapien. In vielen Therapieformen – beispielsweise der
verhaltenstherapeutischen Psychotherapie – macht die Anamnese ein Gros der
Gesamttherapie-Maßnahme aus. Natürlich geht auch der Diät- und Ernährungstherapie
generell eine Ernährungsanamnese voraus. Je exakter die Ernährungsanamnese ist, desto
individueller und zielführender kann die Diät- und Ernährungstherapie ablaufen. Nach Hauner
stellt die Anamnese des bisherigen Essverhaltens von Übergewichtigen und Adipösen einen
wichtigen Aspekt der Therapie dar. Nachfolgend eine Übersicht der Methoden zur Erfassung
des Ess- und Trinkverhaltens beziehungsweise der Gesamt-Lebensmittelaufnahme (7):

Indirekte Methoden: Dabei werden keine eigenen Erhebungen durchgeführt. Vielmehr werden
vorhandene Daten ausgewertet, die aber zu anderen Zwecken erfasst worden sind. Diese
Methoden im Rahmen der Diät- und Ernährungstherapie von einzelnen Übergewichtigen oder
Adipösen anzuwenden, erscheint kaum sinnvoll. Die Methode eignet sich vielmehr für die
Auswertung von großen Bevölkerungsgruppen.

Direkte Methoden: Die Methoden werden am oder mit dem zu beratenden Individuum zum
Zwecke der jeweiligen Maßnahme erhoben. Es können retrospektive Methoden oder
prospektive Methoden angewendet werden. Der 24-Stunden-Recall und die Diet History
gehören zu den retrospektiven Methoden. Sogenannte Food-Frequency-Methoden erlauben
die computergestützte Bewertung. Auch Fragebogen-Erhebungen lassen sich durch die
Nutzung von vorgefertigten Formularen und die computergestützte Eingabe und Auswertung
sinnvoll einsetzen. Solche Methoden eignen sich insgesamt bestens für die Ermittlung des
bisherigen Ess- und Trinkverhaltens bei Übergewichtigen und Adipösen. Auf Basis der
erhobenen Daten lassen sich Modifikationsschritte der Lebensmittelaufnahme mit dem
Klienten besprechen und innerhalb eines Prozesses das Essverhalten in Richtung einer
gewichtsreduzierenden Ernährungsweise verändern. Durch diesen Prozess erlernt der Klient
auch ein neues Ernährungsverhalten, das Rezidive vermeiden hilft. Der gegenwärtige Verzehr
von Lebensmitteln lässt sich mit Wiegemethoden sowie einem Ernährungsprotokoll
festhalten. Diese Methoden eigenen sich zur Verlaufskontrolle im Rahmen eines
Gewichtsreduktionsprogrammes. Retrospektive und prospektive Methoden zur Erfassung des

Ernährungsverhaltens ergänzen sich also kongenial und sind für Klient und Berater ein wichtiges Medium für eine zielführende Zusammenarbeit.

Die Ernährungsanamnese zeigt die Anzahl der Mahlzeiten auf und erhebt die Menge und die Zusammensetzung der Lebensmittel und Mahlzeiten. Zudem macht sie Aussagen über die Getränkeaufnahme (Menge und Art) sowie das Snackingverhalten (9). Anhand der Ernährungsanamnese kann der Berater eine Kalorien- und Nährstoffanalyse durchführen. Dafür stehen Tabellenwerke und Softwareprogramme zur Verfügung. Nach exakter Analyse des Ernährungsmusters kann der Berater dem Klienten Möglichkeiten der Verbesserung des Ernährungsverhaltens aufzeigen und eine schrittweise Modifikation desselben besprechen. In der Verlaufskontrolle bietet das sogenannte Ernährungstagebuch die Möglichkeit, die Einhaltung von Modifikationsschritten einzuschätzen und das Ernährungsregime an die Wünsche und Möglichkeiten des Klienten anzupassen.

5.1.1 Vor- und Nachteile der retrospektiven Ernährungsanamnese

Eines der in der Diät- und Ernährungsberatung – nicht nur von Übergewichtigen und Adipösen – am häufigsten verwendeten Ernährungsprotokolle ist das 24-Stunden-Protokoll (8). Die als schriftliches oder mündliches Interview durchgeführten Methoden haben Vor- und Nachteile. Die 24-Stunden-Befragung ist zwar rasch und individuell durchführbar, scheitert jedoch in relativ vielen Fällen schlicht und ergreifend am Erinnerungsvermögen der Klienten. Zudem verschätzen sich die Klienten bewusst oder unbewusst und es sind absichtlich falsche Aussagen möglich. Diese zu verifizieren und die Hintergründe der falschen Angaben aufzudecken, sind das Ziel der sich dieser Projektarbeit anschließenden Masterarbeit. Die Verlässlichkeit der Befragungsmethoden ist aber auch sehr von der Gesprächsführung, der Situation, in der sich Berater und Klient befinden, sowie vom Verständnis (Akzeptanz) für die Notwendigkeit dieser Maßnahme beim Klienten abhängig. In der Regel ist der protokollierte Tag auch nicht repräsentativ für das Ess- und Trinkverhalten des Klienten. Die Ernährungsgeschichte (Diet History) erbringt Daten über das Ernährungsmuster und die Gewohnheiten über einen langen Zeitraum – in der Regel von drei Monaten. Für die normale Diät- und Ernährungsberatung von Übergewichtigen und Adipösen bietet sich diese Methode in der Regel aus Mangel von zeitlichen Ressourcen nicht an. Da inzwischen auch Computerprogramme für die Erfassung und Auswertung der Diet History vorliegen, muss diese Aussage relativiert werden. Die Diet History macht entscheidende Aussagen über die zurückliegenden Ernährungsgewohnheiten. Die Methode erfordert gut ausgebildete Interviewer und ist überhaupt nur bei Klienten mit hervorragendem Erinnerungsvermögen möglich. In einem klinischen Umfeld, das von Zeitmangel und Stress geprägt ist, lässt sich diese Methode nicht umsetzen. Es steht die These im Raum, dass ein unzutreffendes Reporting auch auf Nichtwahrnehmung von Sättigungssignalen zurückzuführen ist (12).

5.1.2 Die prospektive Ernährungsanamnese als Verlaufskontrolle

Bei allen Diät- und Ernährungstherapien ist es für den Klienten, aber auch für den Therapeuten wichtig, einen Überblick über den gegenwärtigen Verzehr zu gewinnen. Dem Klienten dient es als persönliche Überprüfung und dem Therapeuten als Möglichkeit, weitere Modifikationen vorzuschlagen und besonders auch, den Klienten zu loben und zu bestärken, um die Therapieergebnisse zu verbessern. Während die retrospektiven Methoden der Ernährungsanamnese eine Diät- und Ernährungstherapie einleiten, dienen die prospektiven Methoden der Verlaufsdarstellung und -kontrolle. In der Wissenschaft werden oftmals Wiegemethoden angewendet. Dagegen ind in der praktischen Diät- und Ernährungstherapie im Rahmen eines Ernährungstagebuches, welches das Ess- und Trinkverhalten erfasst, Portionsgrößen anzugeben. Das Ernährungstagebuch ist ein ‚Schätzprotokoll‘. Ernährungstagebücher sind in der praktischen Anwendung bei geschulten Klienten bestens geeignet, zumindest in der Theorie, denn nur wenn der Klient das Tagebuch exakt führt, kann es überhaupt sinnvoll sein. Ein Over- oder Underreporting verfälscht nicht nur die Ergebnisse, sondern macht auch eine zielgerichtete Modifikation des Ess- und Trinkverhaltens praktisch unmöglich. In der Praxis kommt es häufig vor, dass die Klienten ‚vergessen‘, ihr Ernährungstagebuch zum Beratungsgespräch mitzubringen. In jedem Falle beeinflusst das Ernährungstagebuch das Ess- und Trinkverhalten des Klienten (massiv). Ich kann auf mehr als 23.000 Klienten zurückblicken, bei denen das langfristige Führen von Ernährungsprotokollen ein integraler Bestandteil der Diät- oder Ernährungstherapie war. Gerade bei Klienten, die unter Übergewicht oder Adipositas leiden, kann nach meiner Einschätzung allein das gewissenhafte und ehrliche Führen des Ernährungstagebuches Entscheidendes erreichen.

Die Protokollierung kann auch zur Feststellung des Ernährungsverhaltens vor Beginn der Diät- und Ernährungstherapie eingesetzt werden. Die Klienten werden dazu angehalten, das Protokoll direkt nach den Mahlzeiten zu führen und Schätzwerte anzugeben. Im Rahmen der Beratungsgespräche lassen sich die Mengen durch den Berater weiter verifizieren, die Zubereitung näher einschätzen und Mengen genauer ermitteln.

6. Die Ernährungsanamnese und die Verlaufskontrolle als Voraussetzung des Beratungserfolges

Die Diät- und Ernährungsberatung bei Übergewichtigen und Adipösen ist nur erfolgreich, wenn sie klientenzentriert stattfindet. Die erfolgreiche Beratung orientiert sich an den Bedürfnissen und den individuellen Problemstellungen des Klienten. Hierzu ist es unerlässlich, diese Problemstellungen und Bedürfnisse exakt zu kennen. Daher ist eine retrospektive und prospektive Ernährungsanamnese zwingend erforderlich. Wenn der Klient zukünftig dauerhaft und selbstständig über sein Ess- und Trinkverhalten entscheiden und entsprechend handeln soll, bedarf es individueller Maßnahmen.

6.1 Problem Ernährungsanamnese

Es gibt verschiedene wissenschaftliche Methoden zur Erhebung des Ess- und Trinkverhaltens. Diese sind in vielen Fällen Grundlage der Diät- und Ernährungsberatung. Für den übergewichtigen oder adipösen Klienten ergibt sich aus dem Führen eines Ernährungstagebuches oder dem Ausfüllen von Protokollen ein Konflikt. Dieser kann bewusst oder unbewusst stattfinden. Die Konflikte reichen von ‚sich kontrolliert‘ oder ‚ertappt fühlen‘ über ‚die Angst zu enttäuschen‘ und ‚Tadel zu empfangen‘ bis zur ‚Nichtakzeptanz des eigenen Verhaltens‘ und Einsicht der Lösbarkeit des oft jahrelang bestehenden Problems‘ sowie bis zu ‚einem Misstrauen in die Methode‘. Auf dieser Basis ist die Wahrhaftigkeit der Daten in Frage zu stellen und die Ernährungsanamnese ungenau. Damit können Maßnahmen des Beraters nur unpassend sein und nicht zum gewünschten Ergebnis führen. Ursachen, die zur fehlerhaften Protokollierung des Ess- und Trinkverhaltens führen, sind noch weitgehend ungeklärt und finden daher wenig Berücksichtigung in der Diät- und Ernährungsberatung von Übergewichtigen und Adipösen. Wichtig ist es, die Ursachen für das Verhalten des Klienten zu analysieren. Dafür gibt es verschiedene Möglichkeiten in der Sozialforschung. Diese kann qualitativ und quantitativ durchgeführt werden.

7. Theoretische Überlegungen zur qualitativen Sozialforschung

Für die Ermittlung von Hintergründen des Over- und Underreportings im Bereich der Erfassung des Ess- und Trinkverhaltens stehen die quantitative und die qualitative Sozialforschung zur Verfügung. Mithilfe der quantitativen Erhebung ist es beispielsweise möglich, eine große Anzahl Übergewichtiger und Adipöser durch Fragebögen hinsichtlich der Wahrhaftigkeit und der eventuellen Hintergründe von Over- oder Underreporting zu befragen. Die qualitative Sozialforschung bietet durch ihr Interviewverfahren Vorteile. Im Hinblick auf das zu untersuchende Problem erscheinen Untersuchungsmethoden der qualitativen Sozialforschung als geeignete empirische Erhebungsverfahren, denn qualitative Methoden sind besonders gut dafür geeignet, um eine Einsicht in das Denken, Fühlen und Handeln von Individuen gewinnen zu können (13). Qualitative Sozialforschung versucht, soziale Phänomene aus Sicht der Subjekte und deren Sinnzuweisungen zu erfassen. Sie will am Einmaligen, an den Sichtweisen der zu untersuchenden Personen anknüpfen: „Gegenstand humanwissenschaftlicher Forschung sind immer Menschen. Die von der Forschungsfrage betroffenen Menschen müssen Ausgangspunkt und Ziel der Untersuchung sein" (14) Die qualitative Wissenschaft möchte soziale Phänomene, wie in diesem Fall das Essverhalten und die Notierung desselbigen in Protokollen oder Tagebüchern, nicht nur in ihrer Individualität erfassen, sondern auch den Kontext und die Komplexität ihrer Erscheinung berücksichtigen. Um dies zu ermöglichen, sollte das von der Forschungsfrage betroffene Subjekt in seiner alltäglichen, natürlichen Umgebung mittels natürlicher Kommunikationsprozesse untersucht werden (15). Die Interviews müssen spontan und ‚mitten im Leben' von Übergewichtigen und Adipösen durchgeführt werden. Sie müssen sich hinsichtlich des Sprachstils an den übergewichtigen oder adipösen Interviewpartner anpassen.

7.1 Die quantitative und die qualitative Sozialforschung

Die quantitative Sozialforschung versucht im Unterschied zur qualitativen Sozialforschung, den Menschen und seine Umwelt mit standardisierten, an die Naturwissenschaften und deren Gütekriterien angelehnten Methoden zu erforschen. Sie setzt an bereits bestehenden allgemeinen Prinzipien, Gesetzen oder gesetzähnlichen Aussagen an (16). Eine quantitative Untersuchung dient demnach der Überprüfung vorformulierter Hypothesen und benötigt in der Regel – um eine qualitativ hochwertige wissenschaftliche Aussage machen zu können – eine große Gruppe der zu Befragenden. Wenn bei der quantitativen Untersuchung eines sozialen Phänomens – wie des der Fehl- und/oder energetischen Überernährung bei Übergewicht und Adipositas – die Ausprägung eines Merkmals im Vordergrund steht, so ist aus qualitativer Sichtweise die Art und Weise dieses Merkmals von Interesse.

Qualitative Forschung darf jedoch nicht als Alternative zu quantitativem Denken verstanden werden. In der Regel sind qualitatives und quantitatives Denken Bestandteile eines jeden Forschungs- und Erkenntnisprozesses. Qualitative und quantitative Forschungsstrategien schließen sich also nicht aus, sondern können sich gegenseitig ergänzen (14/17). Auch qualitativ erhobenes Material kann beziehungsweise sollte vielmehr unter unterschiedlichen Gesichtspunkten quantifiziert werden. Entscheidend ist dabei aber, „dass diese Quantifizierung im Nachhinein erfolgt, auf der Basis einer umfangreichen Auseinandersetzung mit dem qualitativ erhobenen Material" (18).

13) Buchbeitrag aus Friedrichs J: Methoden empirischer Sozialforschung, 1985, Seite 226

14) Buchbeitrag aus Mayring Ph: Einführung in die qualitative Sozialforschung, 1996, Seite 9

15) Buchbeitrag aus Mayring Ph: Einführung in die qualitative Sozialforschung, 1996, Seite 12

16) Buchbeitrag aus Mayring PH: Einführung in die qualitative Sozialforschung, 1996, Seite 16

17) Thomae, H.: Zur Relation von qualitativen und quantitativen Strategien psychologischer Forschung. In Jüttemann, G. (Hrsg.): Qualitative Forschung in der Psychologie: Verfahren, Grundfragen, Verfahrensweisen, Anwendungsfelder (1998), S.92ff

18) Hopf, Chr. / Weingarten, E. (Hrsg.): Qualitative Sozialforschung (1979), S.13f

8. Methodenauswahl

Die Untersuchungsmethoden, die in der an diese Projektarbeit anschließenden Masterarbeit zur Erhebung des Ernährungsverhaltens und der Selbstbeobachtung angewendet werden, beruhen nach Abwägung der Vor- und Nachteile sowie der tatsächlich gegebenen Möglichkeiten der praktischen Umsetzung auf einem qualitativen Forschungsparadigma.

Daher erscheint es angebracht, kurz einige wichtige Aspekte qualitativer Sozialforschung darzustellen, um aufzuzeigen, warum gerade diese für die Masterarbeit angewendet werden soll und wo die Vorteile gegenüber der quantitativen Sozialforschung liegen. Der nun folgende Exkurs will keinen Anspruch auf Vollständigkeit erheben – das würde den Rahmen dieser Projektarbeit sprengen – sondern möchte jene Aspekte qualitativer Forschung herausstellen, die im Zusammenhang mit der Masterarbeit relevant sind.

Qualitative Sozialforschung plädiert für das Prinzip der *Offenheit*, das sich auf den Forschungsgegenstand bezieht, aber auch in verschiedene Bereiche des Forschungsprozesses hineinreicht: Die Grundhaltung der Offenheit richtet sich sowohl auf die Untersuchungspersonen und die Untersuchungssituation als auch auf die anzuwendenden Methoden (19). Gerade für in die Intimsphäre der Menschen eingreifende Fragestellungen bietet sich die qualitative Sozialforschung an. Das trifft sicher für Fragen nach dem Ernährungsverhalten zu.

8.1 Die qualitative Sozialforschung erschließt das Ernährungsverhalten

Bei den ‚Gegenständen' sozialwissenschaftlicher Forschung handelt es sich um Menschen oder um menschliches Handeln, Denken oder Fühlen. Dazu gehört natürlich auch das Ess- und Trinkverhalten. Um jedoch menschliche Phänomene und die Komplexität ihrer Erscheinungen erfassen, begreifen und verstehen zu können, ist *Flexibilität* im Umgang mit den Methoden nötig. Diese sollen dem Gegenstand der Untersuchung angemessen sein und auf ihn abgestimmt werden (20). Eine vom Gegenstand abgehobene, starre und immer den gleichen Anwendungsprinzipien folgende Methodik würde diesen nicht erschließen können. Um den Untersuchungsgegenstand Ess- und Trinkverhalten beziehungsweise die Selbstbeobachtung über Ernährungstagebücher oder Formen der Erhebung des Ernährungsverhaltens darzustellen, ist eine ständige Anpassung des Interviews, des Interviewers sowie der Verhaltensweise notwendig.

Eine für qualitative Forschung entscheidende Konsequenz aus dem Prinzip der Offenheit zeigt sich auf dem Gebiet der Theoriebildung. Qualitative Sozialforschung ist kein hypothesenprüfendes, sondern ein *hypothesengenerierendes Verfahren*. Entsprechend fordert Kleining, das Verständnis des Forschungsgegenstandes bis zum Abschluss der Forschung als vorläufig zu betrachten, denn der Gegenstand „wird (...) erst zu Ende seine wahre Gestalt zeigen". Eine Aufgabe empirischer Erhebungen besteht unter anderem darin, vorab erstellte Hypothesen zu erweitern beziehungsweise sie umzuformulieren. Auch in der qualitativen Sozialforschung können theoretische Vorüberlegungen gemacht werden zwecks Eingrenzung des Untersuchungsgegenstandes. Diese Vorformulierung von Hypothesen gilt jedoch nur für bestimmte qualitative Erhebungsverfahren, insbesondere beim problemzentrierten Interview (21). Wichtig ist, dass diese Vorformulierungen jedoch stets vorläufigen Charakters sind! Im Sinne einer ordentlichen *Verfahrensdokumentation* des qualitativen Forschungsprozesses fordert Mayring eine Offenlegung des theoretischen Vorverständnisses des Forschers und dass dieses schrittweise am Gegenstand weiterentwickelt wird (22, 23). In diesem Sinne ist auch die Masterarbeit geplant.

Im Theorieteil soll sich das theoretische Vorverständnis und die Erfahrung in der Diät- und Ernährungsberatung bei Übergewichtigen und Adipösen mit dem Phänomen ‚Ernährungsanamnese, Ernährungsprotokoll und Ernährungstagebuch' widerspiegeln, wobei mein besonderes Augenmerk dem ‚Erfassen des Ess- und Trinkverhaltens' gelten wird. Dieses Vorverständnis soll im Verlauf des Forschungsprozesses weiterentwickelt werden. Dabei erscheint mir die Empathie im Interview besonders wichtig. Der empirische Teil in der Masterarbeit soll die Weiterentwicklung meiner Kenntnisse über den Untersuchungsgegenstand ausführlich darstellen. Neben einer Explikation der Vorannahmen fordert Mayring die genaue Dokumentation der einzelnen Verfahrensschritte des Forschungsprozesses, um diesen für andere nachvollziehbar werden zu lassen. Die Dokumentation bedient sich folgender Verfahrensschritte: „Explikation des Vorverständnisses, Zusammenstellung des Analyseinstrumentariums, Durchführung und Auswertung der Datenerhebung" (23).

Beim qualitativen Forschungsparadigma betrachten die Forscher den Gegenstand nicht aus einer neutralen Perspektive von außen, sondern die *Subjektivität der Untersucher* ist ein Bestandteil des Forschungsprozesses. „Dieselbe –‚objektiv' beobachtbare – Handlung kann sowohl für unterschiedliche Akteure als auch für unterschiedliche Beobachter eine völlig andere Bedeutung haben" (24). Vom Forscher Hervorgebrachtes ist also immer auch mit subjektiven Intentionen verbunden. Um dennoch Sachlichkeit und Wissenschaftlichkeit zu gewährleisten, müssen die Forschenden ständig sich, ihr Handeln und ihre Erkenntnisse kritisch reflektieren (25).

9. Das qualitative Interview als Methode der Datenerhebung

Bei dem qualitativen Interview handelt es sich, wie auch bei der teilnehmenden Beobachtung oder der Gruppendiskussion, um eine wichtige Datenerhebungsmethode der qualitativen Sozialforschung. Ich entscheide mich für das Interview als Datenerhebungsmethode, da hier die Erfassung der Perspektive des einzelnen Subjekts konsequent gewährleistet ist. Der subjektnahe Einblick in Welterleben und Wirklichkeit der Befragten kann zu neuartigen und überraschenden Erkenntnissen des Forschers führen (26).

Die Bezeichnung ‚qualitatives Interview' stellt den Oberbegriff für verschiedene, in der Sozialforschung angewandte Befragungsmethoden dar, die sich beispielsweise im Grad ihrer Strukturierung unterscheiden. Allen qualitativen Interviewformen gemeinsam ist die Offenheit und weitgehende Nicht-Standardisierung der Befragungssituation. Das Interview ist weder in seinen Fragen noch seinem Ablauf festgelegt, obgleich es sich natürlich um ein bestimmtes, zu erforschendes Thema dreht (27).

9.1 Das problemzentrierte Interview

Unter den verschiedenen Formen qualitativer Interviews entscheide ich mich für eine Orientierung an Witzels *Problemzentriertem Interview*: „Bei diesem Verfahren handelt es sich um eine Methodenkombination bzw. -integration von qualitativem Interview, Fallanalyse, biographischer Methode, Gruppendiskussion und Inhaltsanalyse (...)" (28). In der geplanten Untersuchung für die Masterarbeit kommt das qualitative Interview beziehungsweise das problemzentrierte Interview (leitfadengestützt) als Einzelmethode zur Anwendung.

Das qualitative Interview als Bestandteil des problemzentrierten Interviews ist von drei zentralen Merkmalen gekennzeichnet: Die Problemzentrierung, die Gegenstandsorientierung und die Prozessorientierung (29). Die *Problemzentrierung* erfordert die Behandlung einer „relevanten gesellschaftlichen Problemstellung" (30). Die *Gegenstandsorientierung* bedeutet ein gewisses Maß an Flexibilität im Umgang mit der Methode, die dem Forschungsgegenstand entsprechend angepasst werden kann und soll. Die *Prozessorientierung* steht in der Tradition der gegenstandsbezogenen Theoriebildung nach

Glaser und Strauss, bei der die Erhebung und Auswertung der Daten als ein aufeinander bezogener Prozess verstanden werden, in dessen Verlauf die Theorie gegenstandsbezogen generiert wird.

Bei der Datenerhebung auf der Grundlage des problemzentrierten Interviews können verschiedene Instrumentarien zur Hilfe genommen werden. Hier ist zuerst der *Kurzfragebogen* zu nennen, der demografische, biografische und auch situative Daten des Interviewpartners bzw. der Interviewsituation erfassen soll. Diese Informationen müssen dann nicht mehr während des Interviews eruiert werden.

Das gesamte Interview wird mittels eines *Tonbandgerätes* vollständig aufgezeichnet. Das hat den Vorteil, dass der gesamte Gesprächskontext einsehbar wird, was sich sowohl auf die Rolle des Forschers als auch auf nonverbale Gesprächsinhalte wie etwa Stimmmodus oder Intonation der interviewten Person bezieht.

Solche Informationen können damit bei der Interviewauswertung berücksichtigt werden. Voraussetzung ist dabei natürlich die vollständige Transkription des Gespräches.

Über die mittels der Tonbandaufnahme wiedergegebenen Kontextinformationen hinaus gibt es noch andere Elemente, die beim Umgang mit den Daten wertvolle Informationen liefern können. Darunter fallen Inhalte wie beispielsweise bestimmte Rahmenbedingungen, Situationseinschätzungen oder Ahnungen und Gefühle des Forschers sowie Stimmung und Dynamik des Interviews. Diese Elemente werden im Anschluss an das Interview in einem *Postskriptum* festgehalten, das dann im Auswertungsvorgang seine Beachtung findet (31).

Ein wichtiges Instrument des problemzentrierten Interviews ist der *Leitfaden*. Darin finden sich das bislang vorhandene wissenschaftliche und theoretische Vorwissen des Forschers ebenso wie seine Annahmen und Konzepte, aufgegliedert in zusammengehörige Themenbereiche. Der Leitfaden dient jedoch nicht, wie bei standardisierten Interviews, der zwangsweisen und chronologischen Abdeckung aller aufgeführten Themen, sondern liefert dem Forscher einen organisierten Überblick darüber, welche Bereiche angesprochen wurden, was noch angesprochen werden könnte, was ausgespart wurde oder welche Themen zusammengehören. Ausschlaggebend für die Steuerung des Interviews sind jedoch nicht der Leitfaden, sondern aktuelle Äußerungen des Gesprächspartners. Die Konzepte des Forschers sollen dem Gesprächspartner während des Interviews nicht offen gelegt werden (32).

10. Darstellung der Probleme der Ernährungsanamnese in der Standardliteratur

Die diätetischen Standardwerke greifen in der Darstellung der diätetischen Therapie von Übergewicht und Adipositas die retrospektive Erfassung des Ernährungsverhaltens und die Selbstkontrolle des Klienten durch Ess- und Trinktagebücher in der Regel auf, beschreiben aber üblicherweise nicht ausführlich genug die dabei entstehenden Probleme des Over- oder Underreportings. Zudem widmet sich die Standardliteratur der Lösung dieser Problematik nicht oder nur unzureichend. Außerdem ist der Bereich der Verhaltenstherapie in der Standardliteratur in den Bereichen Ernährungsmedizin, Diätetik sowie Adipositas unterrepräsentiert. Hierdurch zeigt sich, dass ein Grundverständnis für das Ess- und Trinkverhalten sowie die Bedeutung der Verhaltenstherapie scheinbar in der Fachwelt nicht gegeben ist. Darüber hinaus besteht die Möglichkeit, dass die Wirkung aller wissenschaftlich basierten Methoden zur dauerhaften Gewichtsreduktion und nachfolgender -stabilisierung nicht gegeben ist. Solange die verhaltensorientierte Diät- und Ernährungsberatung weder dargestellt noch durchgeführt wird, können die Probleme Übergewicht und Adipositas nicht gelöst werden. Die nach dieser Projektarbeit anschließende Masterarbeit soll die Probleme von Übergewichtigen und Adipösen bei der Darstellung ihres stattgehabten und aktuellen Ernährungsverhaltens verifizieren und darlegen, welche Probleme Übergewichtige und Adipöse mit Ernährungsprotokoll-Methoden haben.

Die in dieser Projektarbeit beschriebenen Methoden führen bei übergewichtigen und adipösen Menschen in der Praxis nicht zu den Ergebnissen, die sich das therapeutische Team, insbesondere in der Diät- und Ernährungsberatung, wünscht. Eine Modifikation des Ess- und Trinkverhaltens ist überhaupt nicht möglich, solange der Ist-Status beziehungsweise die vergangenen Gewohnheiten nicht verifiziert werden können. Auch das Führen eines Ernährungstagebuches zur Selbstbeobachtung ist vor diesem Hintergrund für den Klienten und den Berater sinnlos.

11. Reflexion

Der Zusammenhang zwischen Über- und/oder Fehlernährung und Übergewicht sowie
Adipositas ist belegt. Das Ess- und Trinkverhalten hat demzufolge Einfluss auf das
Körpergewicht. Zur Steigerung des Wohlbefindens, Vermeidung von ernährungsmitbedingten
Erkrankungen beziehungsweise Mitbehandlung von ernährungsmitbedingten Erkrankungen
ist es erforderlich, das Körpergewicht zu reduzieren und ein Rezidiv zu vermeiden.

In der Therapie zur Gewichtsreduktion und der anschließenden Stabilisierung des Ess- und
Trinkverhaltens ist eine verhaltensorientierte Diät- und Ernährungsberatung unerlässlich.
Ohne die Kenntnis des zurückliegenden Ernährungsverhaltens lässt sich dieses nicht
klientenzentriert modifizieren und im Sinne des Therapieerfolges Motivation und Verstärkung
nutzen. In der ressourcenorientierten positiven Diät- und Ernährungsberatung kommt der
Verlaufskontrolle via Ernährungstagebuch eine große Bedeutung zu. Das Tagebuch liefert
Material für die zielgerichtete Betreuung des Übergewichtigen oder Adipösen. Der Endpunkt
ist ein im Sinne des Klienten modifiziertes Ess- und Trinkverhalten, das ein Rezidiv dauerhaft
vermeidet.

Die geschilderte Vorgehensweise setzt wahrhaftige Informationen durch den Klienten voraus.
Unzutreffende Informationen über das Ess- und Trinkverhalten, die auf Unwissen oder die
bewusste und unbewusste Falschangabe zurückzuführen sind, machen eine klientenzentrierte
Diät- und Ernährungsberatung unmöglich. Damit ist eine zielgerichtete Diät- und
Ernährungsberatung von Übergewichtigen und Adipösen ausgeschlossen.

In der nachfolgenden Masterarbeit soll geklärt werden, ob retrospektive und prospektive
Ernährungsanamnesen überhaupt sinnvoll sind. Es ist darzustellen, ob und in welchem
Umfang Klienten mit Übergewicht und Adipositas durch ihre Aussagen und Mitarbeit die
Diät- und Ernährungsberatung beeinflussen. Für diese Untersuchung wähle ich das qualitative
Interviewverfahren. Das quantitative Interview bietet keine Möglichkeit, individuelle innere
Blockaden, Widerstände, Motivationen oder Probleme der Übergewichtigen und Adipösen im
Rahmen der Diät- und Ernährungsberatung zu erheben. Vielmehr dient sie der Datenerhebung
und der statistischen Auswertung der erhobenen Daten. Demgegenüber bietet das persönliche
Interview sowohl dem Interviewer als auch dem Befragten die Möglichkeit, bei Unklarheit

nachzufragen, es findet in einem persönlichen Vertrauensrahmen statt und es bietet die Möglichkeit des freien Sprechens und damit der detaillierten Darstellung.

23

12. Literatur

1) Mensink GBM, Lampert T, Bergmann E (2005): <u>Übergewicht und Adipositas in Deutschland 1984 - 2003. Bundesgesundheitsblatt 48:1348-1356</u>, Zugriff: 4. April 2009, 15:01

2) http://www.thieme.de/fz/gesu/pdf/s115-s120.pdf, Zugriff: 4. April 2009, 15.10

3) Deutsche Gesellschaft für Ernährung (DGE), 2008, Ernährungsbericht 2008

4) http://www.deutsche-adipositas-gesellschaft.de/daten/Adipositas-Leitlinie-2007.pdf, Zugriff: 4. April 2009, 15.02

5) Persönliche Mitteilung von Diplom Pädagogin Almut Carltischeck (Berlin), 4. April 2009

6) Buchbeitrag aus Widhalm Kurt (Hg.), Ernährungsmedizin, 2. Auflage, Verlagshaus für Ärzte, 2005, Seite 239 bis 242)

7) Buchbeitrag aus Biesalski Hans Konrad (et al), Ernährungsmedizin, 2. Auflage, Thieme, 1999, Seite 20

8) Buchbeitrag aus Biesalski Hans Konrad (et al), Ernährungsmedizin, 2. Auflage, Thieme, 1999, Seite 257 bis 258

9) Persönliche Mitteilungen von Diätassistentin Kathrin Scholl (Aachen) und Diätassistentin Christiane Weißenberger (Werneck), 9. März 2009

10) Buchbeitrag aus Müller SD (et al), Diätetik und Ernährungsberatung – Das Praxisbuch, 3. vollständig überarbeitete Auflage, Hippokrates, 2008, Seite 13

11) Buchbeitrag aus Müller SD (et al), Berufspraxis für DiätassistentInnen und Diplom-OecotrohologInnen, 1. Auflage, Hippokrates, 2004, Seite 93

12) Warum FDH allein nicht hilft, Adam O (et al), Ernährungsumschau, 11/08, 648ff

13) Buchbeitrag aus Friedrichs J: Methoden empirischer Sozialforschung, 1985, Seite 226

14) Buchbeitrag aus Mayring Ph: Einführung in die qualitative Sozialforschung, 1996, Seite 9

15) Buchbeitrag aus Mayring Ph: Einführung in die qualitative Sozialforschung, 1996, Seite 12

16) Buchbeitrag aus Mayring PH: Einführung in die qualitative Sozialforschung, 1996, Seite 16

17) Thomae, H.: Zur Relation von qualitativen und quantitativen Strategien psychologischer Forschung. In Jüttemann, G. (Hrsg.): Qualitative Forschung in der Psychologie: Verfahren, Grundfragen, Verfahrensweisen, Anwendungsfelder (1998), S.92ff

18) Hopf, Chr. / Weingarten, E. (Hrsg.): Qualitative Sozialforschung (1979), S.13f

19) Lammnek, S.: Qualitative Sozialforschung (1995), S.22

20) Flick, U.: Qualitative Forschung. Theorien, Methoden, Anwendungen in Psychologie und Sozialwissenschaft (1998), S.78ff

21) Deisen, A.: Sehnsucht. Der Naturbezug des Menschen am Beispiel der Eifel (2000), S.41

22) Buchbeitrag aus Mayring PH: Einführung in die qualitative Sozialforschung, 1996, Seite 18

23) Buchbeitrag aus Mayring PH: Einführung in die qualitative Sozialforschung, 1996, Seite 119

24) Buchbeitrag aus Mayring PH: Einführung in die qualitative Sozialforschung, 1996, Seite 11

25) Flick, U.: Qualitative Forschung. Theorien, Methoden, Anwendungen in Psychologie und Sozialwissenschaft (1998), S.44

26) Lammnek, S.: Qualitative Sozialforschung (1995), S.73ff

27) Flick, U.: Qualitative Forschung. Theorien, Methoden, Anwendungen in Psychologie und Sozialwissenschaft (1998), S.94ff

28) Witzel, A.: Das problemzentrierte Interview. In: Jüttemann, G.(Hrsg.): Qualitative Forschung in der Psychologie. Grundfragen, Verfahrensweisen, Anwendungsfelder (1985), S.227f

29) Witzel, A.: Das problemzentrierte Interview. In: Jüttemann, G.(Hrsg.): Qualitative Forschung in der Psychologie. Grundfragen, Verfahrensweisen, Anwendungsfelder (1985), S.227ff

30) Witzel, A.: Das problemzentrierte Interview. In: Jüttemann, G.(Hrsg.): Qualitative Forschung in der Psychologie. Grundfragen, Verfahrensweisen, Anwendungsfelder (1985), S.228

31) Flick, U.: Qualitative Forschung. Theorien, Methoden, Anwendungen in Psychologie und Sozialwissenschaft (1998), S.107

32) Witzel, A.: Das problemzentrierte Interview. In: Jüttemann, G.(Hrsg.): Qualitative Forschung in der Psychologie. Grundfragen, Verfahrensweisen, Anwendungsfelder (1985), S.237